Questo libro è stato tradotto grazie ad un contributo alla traduzione assegnato dal Ministero degli Affari Esteri e della Cooperazione Internazionale italiano.

感谢意大利外交与国际合作部对翻译本书中文版提供的资助。

植物也有朋友圈?

[意] 玛丽亚皮娅·德·孔托 著

[意] 西尔维娅·毛里 绘

庞默歆 译

广西师范大学出版社
·桂林·

ZHIWU YE YOU PENGYOUQUAN?
植物也有朋友圈？

出版统筹：汤文辉   责任编辑：朱丽丽
品牌总监：耿 磊   美术编辑：刘冬敏
选题策划：耿 磊   营销编辑：范 榕
版权联络：郭晓晨   责任技编：郭 鹏

Original title: Amicizie nell'orto. Per coltivare in armonia con l'ambiente
Text by Mariapia De Conto
Illustrations by Silvia Mauri
Graphic design and layout by Studio Link
For the University of Padua (1222-2022)
Directors: Annalisa Oboe and Telmo Pievani
Project coordination by Area Comunicazione e marketing - Settore progetto Bo2022
Historical and scientific supervision by University of Padua
© 2020 Editoriale Scienza Srl, Firenze-Trieste
www.editorialescienza.it
www.giunti.it
Simplified Chinese edition © 2021 Guangxi Normal University Press Group Co., Ltd.
The simplified Chinese edition is published by arrangement with Niu Niu Culture Limited.
All rights reserved.

著作权合同登记号桂图登字：20-2021-164 号

图书在版编目（CIP）数据

植物也有朋友圈？/（意）玛丽亚皮娅·德·孔托著；（意）西尔维娅·毛里绘；
庞默欷译. —桂林：广西师范大学出版社，2021.6
 ISBN 978-7-5598-3747-9

Ⅰ.①植… Ⅱ.①玛… ②西… ③庞… Ⅲ.①植物—青少年读物 Ⅳ.①Q94-49

中国版本图书馆 CIP 数据核字（2021）第 069977 号

广西师范大学出版社出版发行
（广西桂林市五里店路 9 号 邮政编码：541004）
（网址：http://www.bbtpress.com）
出版人：黄轩庄
全国新华书店经销
北京盛通印刷股份有限公司印刷
（北京经济技术开发区经海三路 18 号 邮政编码：100176）
开本：787 mm × 960 mm 1/12
印张：$6\frac{2}{3}$ 字数：80 千字
2021 年 6 月第 1 版 2021 年 6 月第 1 次印刷
定价：65.00 元

如发现印装质量问题，影响阅读，请与出版社发行部门联系调换。

目录

植物的朋友是谁 ………… 10

套种是什么 ………… 12

向大自然学习 ………… 14

野生植物 ………… 16

从田野到菜园 ………… 18

蔬菜和野生植物的友谊 ………… 20

芳香植物 ………… 22

套种的重要性 ………… 24

蜜蜂和芳香植物 ………… 26

从经验中学习 ………… 28

菜园里的种植技巧 ………… 30

其他种植技巧 ………… 32

丰富多彩的菜园 ………… 34

鲜花: 植物的盟友 ………… 37

菜园里的鲜花 ………… 38

鲜花午餐 ………… 40

喜欢和讨厌 ………… 42

植物的共同朋友 ………… 44

种植需要耐心 ………… 46

不可替代的朋友: 光 ………… 48

必不可少的朋友: 水 ………… 50

土壤 ………… 52

土壤有哪些类型 ………… 54

堆肥 ………… 56

天然的肥料 ………… 58

授粉昆虫 ………… 60

捕食性天敌昆虫 ………… 62

守护动物联盟 ………… 64

友谊菜园, 热爱大自然的体现 ………… 67

蔬菜的套种秘密 ………… 68

芳香植物的套种秘密 ………… 70

植物朋友游戏 ………… 72

作者介绍 ………… 76

8

　　我叫朱迪塔，我旁边的这位叫
蒂齐亚诺。我们是邻居，也是同班
同学，还是非常要好的朋友。我们
有很多共同的兴趣爱好，你知道我
们最大的爱好是什么吗？还是先跟
我们去一个地方吧！是哪里呢？

　　就是我们的菜园！

　　这不是普通的菜园，而是植物
和它们的朋友的菜园！

植物的朋友是谁

想不想知道植物的朋友是谁呢？答案即将揭晓。

我们的菜园里有很多植物。看到篮子里的西红柿、罗勒、胡萝卜和大蒜了吗？

为什么把它们放在一起？因为它们是朋友。为什么这么说呢？因为这几种植物喜欢在一起生长。如果把它们种植在一起，它们就会生长得更快、更好，它们就像朋友一样会互相帮助、茁壮成长。

菜园里还有很多这样的植物朋友，我们发现，这些植物共同生长时，会变得更加健康和美丽。

也许你会问，是不是也会有一些无法和谐相处的植物呢？

当然，就像每个人都倾向于选择志同道合的朋友一样，植物也是如此。我们无意中发现，把西红柿和黄瓜种在一起，对它们彼此的生长没有任何好处。很奇怪，对吧？

但是在吃的时候，情况又会发生变化。夏天，我家经常会把黄瓜和西红柿拌在一起吃，味道超级棒。

我们还发现了这些秘密：

如果把西红柿和罗勒种在一起，
结出的西红柿会有特别的香味。

黄瓜喜欢和金盏花一起生长。

种在洋葱旁边的草莓
会长得又红又大！

总之，在菜园里，植物和它们的朋友们能够和睦相处。

套种是什么

也许你已经知道套种是什么了，
如果不知道，可以在
字典里查一查。

字典里是这样描述的：

在某一种作物生长的后期，在行间播种另一种作物，以充分利用地力和生长期，增加产量。

正如大家所知道的，套种能让植物在生长的过程中立体地利用空间，从而稳定地生长。不同的植物有不同的生长特性，套种可以使植物互惠互利，相互促进生长。有的植物能分泌特殊的气味，从而使一些害虫不能靠近，和它套种的植物就可以免受害虫侵袭；有的植物能产生特殊的生物化学物质，释放到环境中，帮助和它套种的植物更好地生长。

为什么套种能够让植物生长得更好呢? 看看下面哪些是正确的答案吧。

A. 因为菜园里能够套种的植物越多，植物就长得越好。

B. 因为阳光强烈时，高的植物会为矮的植物遮挡阳光。

C. 因为植物永远不需要水。

D. 因为植物可以互相帮助免受害虫的侵袭。

E. 因为植物需要自然生长，完全不需要人们的帮助。

如果你不确定哪一项是正确的，请查看右侧的答案。当然，我们可以确定：套种对植物的生长是有益的。我们可以通过观察周围的自然环境，来探索植物生长的秘密。

答案： A正确；B正确；C错误（植物的生长是需要水的）；D正确；E错误（如果人们用正确的方式种植植物，植物会生长得更好）。

12

13

向大自然学习

你有没有观察过草地呢？我们说的
不是院子或者小区里那些高矮
一致、精心打理过的草地，
而是大自然中那些
天然的草地。

天然的草地指的是没有人类干预、自发生长的草地。
天然的草地上，生长着各种各样的草本植物。这些不
同种类的草本植物吸引着各种各样的动物，尤其是昆虫来
这里生活——这一切都有助于保护生物的多样性。生物多
样性在保持土壤肥力、保护水质和调节气候等方面发挥着
重要作用。

植物能否健康生长取决于土壤、光照、湿度等多种因
素，这些因素也影响着植物自然栖息地的方方面面。

植物的根茎从土壤
中汲取营养。

为了健康成长，各种生物会互相帮助，
共同营造良好的自然生态环境。

昆虫能够给植物授粉，
帮助植物生长。

生活在地下的动物
能够帮植物松土。

土壤中的真菌和细菌
可以帮助植物生长。

15

野生植物

瞧，我们可以在田野里
找到这些野生植物。

蒲公英会在每年的三月长出黄色的花，它的
头状花序是由许多小花组成的。蒲公英的种子周
围是白色冠毛，成熟时种子会随风飘到新的地方
开始生长。

车前草生长在草地、河滩、沟
边、草甸、田间及路旁。它的叶子
非常受动物们喜爱，它的种子也是
鸟类喜欢的食物。

三叶草耐寒、耐干旱，是一种对生态平衡极其重要的
草本植物。它会吸引诸如蜜蜂之类的授粉昆虫，这些昆虫穿
梭于三叶草之间，为三叶草的生长贡献了不可或缺的力量。

荨麻生长在山坡、路旁以及住宅旁的半阴湿处，相信大家看到荨麻一眼就可以认出来。荨麻的叶面和茎干上生有较密的短柔毛和刺毛，一不小心我们就会被它刺痛！但这不影响它的价值。荨麻可以食用，有很高的药用价值。此外，它还能被制成生物肥料。荨麻在很久以前已经被人们用来防治病虫害，是植物名副其实的好朋友。

欧锦葵生长在住宅旁、田野和路旁，它的花朵通常是紫色的，自古以来便被当作药材使用。在六月的田野里，经常可以见到开着花的欧锦葵的身影，这种艳丽的花朵还非常受蜜蜂的喜爱呢！

马齿苋是一种肉质草本植物，喜欢生长在肥沃的土壤中，在菜园里也经常能见到它。通常，马齿苋的茎会铺散在地上，平卧或斜伸着匍匐在草丛中。马齿苋的特征就是它的叶片扁平、肥厚，呈倒卵形，像马齿一样。在秋天，马齿苋会绽放出五颜六色的花朵。

这只是我们找到的一部分野生植物，有好多我们还没有发现呢！怎样才能找到更多的野生植物呢？也许，你只需要到野外走一走。在远离城市的天然草地上，你能找到更多的野生植物。一旦你找到不认识的植物后，可以拍照与书中的图进行对比。你也可以在网络上查阅资料，或者在专家的帮助下了解更多关于野生植物的知识。

从田野到菜园

正如大家所看到的，在自然界，不同种类的植物能够共同营造和谐的生长环境，互相帮助、茁壮生长。

众所周知，在很早很早以前，为了获得更多的食物，人们开始在土地上劳作，菜园便产生了。我们这里所说的菜园植物，指的都是人们种植的，而不是野生的。但是，大家可能会问，野生植物和菜园植物有什么不同呢？实际上，两者之间是有区别的，野生植物可以自己生长，不需要任何的人为干预，菜园植物却多由人们帮助其生长。

如果我们思考一下就会发现，菜园植物和野生植物还是有一些联系的。

阅读下面这些句子。

A. 有一些野生植物也会在菜园里自然生长出来。

B. 人们也可以在菜园里播种或者栽培一些原本在野生环境生长的植物。

C. 如果任由野生植物在菜园里生长，人们种植的蔬果就会生长得更好。

D. 人们可以任由野生植物在菜园里随意生长，因为它们也是菜园植物的好朋友。

E. 在菜园里，野生植物能帮助菜园植物自然生长。

F. 有一些在菜园里自然生长的野生植物能够帮助菜园植物，因为它们能吸引有益昆虫。

大家觉得这些说法都对吗？请查看右侧的正确答案。

如果我们告诉大家，有很多野生植物可以食用，大家会相信吗？

我们吃了荨麻煎蛋，味道真的好极了！大家也许会有疑问：荨麻上面的刺不是会扎人吗？不会的，大家不用担心，荨麻煮熟之后，刺就不再扎人了。我们还可以用荨麻做汤和烩饭呢！

也许吃荨麻会让大家感觉很奇怪，但确实有很多野生植物都是可食用的。

答案： A正确；B正确；C错误（有些野生植物的生命力和繁殖能力都很强，甚至会引来一些害虫，任由其在菜园里生长，会阻碍蔬果的生长）；D错误（就算是野生植物，也需要和它真正的植物朋友在一起才能健康生长）；E错误（有些野生植物生长所需的养分，阻碍菜园植物生长）；F正确。

通常人们不太喜欢菜园里出现的野生植物，觉得它们会侵占菜园植物的生长空间。这些野生植物通常被称作野草或者杂草，顾名思义，人们认为这些野生植物没有任何用处且长得到处都是。

但是这些野生植物真的一点儿用处都没有吗？当然不是！相反，正是因为这些野生植物的存在，我们才能更方便地了解菜园里土壤的特性，从而种植一些适合种植的植物。

因此，即使在菜园里，我们也需要给野生植物留出一定的生长空间。

荨麻

荨麻在菜园里可是一种很珍贵的植物呢！它能够让我们知道在菜园里种什么植物会生长得更好。如果你在菜园里发现了荨麻，那就证明菜园里的土壤肥沃，而且富含氮元素，这时就可以在菜园里种植喜爱氮元素的西葫芦。但是富含氮元素的土壤并不适合种植四季豆，因为四季豆会使土壤的氮含量过高！

适合荨麻生长的土壤还富含铁元素。在菜园中使用富含铁、氮元素的荨麻液态肥料，可以有效提高菜园植物的抗病能力，更好地保护菜园植物。

荨麻还是西红柿和青椒的好朋友，因为有刺鼻气味的荨麻能够驱赶那些会伤害西红柿和青椒的害虫。

蔬菜和野生植物的友谊

大家还记得我们在田野里发现的野生植物吗？找一找它们在菜园里也有用的原因吧！

三叶草

三叶草也能够增加土壤的氮含量。如果你的菜园需要增加氮肥，你可以在秋季播种三叶草，这样的话，来年秋天你就能拥有富含氮元素的肥沃土地啦！你也可以把三叶草种植到你之前种植西葫芦的地方，那里的土壤中，氮元素含量一定减少了许多。

还有一个原因使三叶草成为菜园里非常重要的植物，那就是三叶草的花会在春天开放，它的花能引来众多蜜蜂。

车前草

注意车前草这种植物！如果你的菜园里有很多车前草，就意味着这里的土壤可能较硬，土壤里的水分不易流动，不利于其他植物生长。但是你可以保留一点车前草在你的园子里，因为它也是有用的杂草！实际上，车前草富含对人体有用的矿物质盐，是可以食用的。我们可以把它做成沙拉生吃，也可以用它烩饭、做汤或者煎着吃。

马齿苋

在马齿苋生长的土地里套种玉米是很好的选择。另外，马齿苋也是一种很好吃的食物！马齿苋富含维生素C，可以做成沙拉生吃。

蒲公英

蒲公英是菜园植物的好朋友，因为它的黄色花朵能引来蜜蜂，它的根在土壤里蜿蜒生长，可以保持土壤的松软。

蒲公英有什么食用价值呢？蒲公英的花可以制成甜甜的糖浆用来治疗咳嗽。蒲公英的叶子可以生吃，也可以做成汤，但是这时候蒲公英就会失去甜甜的味道，尝起来甚至会有一点儿苦味呢！

芳香植物

大家知道洋甘菊吗？

也许大家在家里喝过这种对人的身心有舒缓作用的花茶，它能够帮助我们放松心情，也有安眠的作用。大家也许已经习惯了在超市里看到包装好的洋甘菊茶，但洋甘菊可不是一开始就在袋子里的！

洋甘菊是一种既可以在野外找到，也可以在菜园里找到的植物。

正如其他芳香植物一样，洋甘菊也可以成为蔬菜的好朋友。

洋甘菊不仅能散发香味，还具有极强的观赏性。在烹饪的时候，洋甘菊还可以作为香料，为食物增添色彩和味道。

除了洋甘菊，最常见的芳香植物还有鼠尾草、百里香、欧芹和薄荷等。我们可以把它们种植在菜园里，也可以把它们种植在花盆里，放在阳台或者露台上培育。

当我们把这些芳香植物种植在花盆里的时候，要遵循这些植物的生长规律，尤其是把不同的芳香植物种植在一起的时候。需要特别注意的是，并不是所有的芳香植物都有共同的生长习性，比如，罗勒需要多浇水，但是百里香就不喜欢太潮湿的环境；如果我们想把薄荷种植在花盆里，最好就不要把它和其他植物种在一起，因为薄荷不喜欢和其他植物共享土地；相反，在欧芹旁边种植其他植物就没有任何问题。

我们也可以试着把欧芹和玫瑰种在一起。为什么要这样种植呢？因为欧芹的气味能够驱赶蚜虫，这些蚜虫若是不被赶走就会吃掉玫瑰的花苞。

大蒜也是玫瑰的朋友，因为大蒜的气味也能驱赶蚜虫！

玫瑰和欧芹、大蒜可以说是非常好的朋友。

套种的重要性

芳香植物可以帮助我们建造更和谐的菜园。让我们看看它们是如何改善菜园环境的吧！

大多数害虫不喜欢罗勒的气味，所以罗勒和许多植物都是好朋友。如果把罗勒和西红柿种在一起，罗勒能够帮助西红柿驱赶害虫，让我们收获更美味的西红柿。

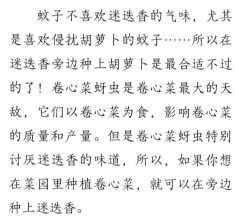

洋甘菊是一种自然生长的芳香植物，如果你想在菜园里种植它又不知道种在哪里合适，可以试试把它种植在卷心菜或者洋葱旁边，这样洋甘菊会生长得更好，香味也会更加浓郁。洋甘菊和胡萝卜、芹菜也是好朋友。洋甘菊和大葱一起种植，可以保护大葱不受蛾子的侵害，而且洋甘菊的香味还能吸引蜜蜂。最重要的是，洋甘菊不仅可以泡茶喝，还可以作为天然的有机肥料滋养土壤。

蚊子不喜欢迷迭香的气味，尤其是喜欢侵扰胡萝卜的蚊子……所以在迷迭香旁边种上胡萝卜是最合适不过的了！卷心菜蚜虫是卷心菜最大的天敌，它们以卷心菜为食，影响卷心菜的质量和产量。但是卷心菜蚜虫特别讨厌迷迭香的味道，所以，如果你想在菜园里种植卷心菜，就可以在旁边种上迷迭香。

需要注意的是，迷迭香的生长速度很快，所以最好不要把它种植在菜园的中间，把它种植在菜园的边缘就可以了。

不过，我们需要小心，因为过多的洋甘菊会侵占其他植物的生长空间。

鼠尾草能够驱赶生菜上的蜗牛，这种蜗牛喜欢食用生菜的叶子，所以最好在生菜旁边种植一些鼠尾草。否则，生菜在成熟之前，就会被蜗牛吃光。

菜园里的芳香植物朋友

芳香植物因为独特的香味而成了菜园里非常重要的一员——它们的香味吸引了一些益虫，同时也驱赶了一些害虫。

百里香和欧芹一样，它的香味能驱赶蚜虫，所以把百里香和玫瑰种在一起是一个绝妙的主意。同时，百里香也是其他饱受蚜虫伤害的植物的保护神，如西红柿、罗勒、黄瓜等。

请记住，百里香的品种虽然有很多，但是它们在菜园里总能生长得很好，因为它们有一个共同点，那就是喜欢阳光！

薰衣草也是菜园植物们珍贵的朋友，它的香味不仅能够驱赶蚊虫，更难得的是还能够吸引蜜蜂。

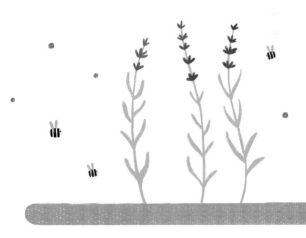

大家不要忘了还有薄荷、马郁兰、小香葱……

总之，芳香植物的种类非常多，而且每一种都有自己的独特之处。大家可以在第70~71页的表格里了解更多芳香植物和它们的朋友的知识。

蜜蜂和芳香植物

芳香的、开花的植物一般都能够吸引蜜蜂和其他授粉昆虫。

如何建造一座芳香四溢、开满鲜花的菜园呢？你可以在种植各种菜园植物的同时，在菜园中选择一个角落，最好是沿着菜园的周边，种上薰衣草、迷迭香和牛至，然后在它们的前面种植较矮的植物，如百里香。这些芳香植物能够和谐共处，因为它们的生长有共同的需求：充足的阳光和较少的水分。它们开花时能够吸引蜜蜂和其他授粉昆虫，这些授粉昆虫朋友会让你的植物们"开心"地生长。如果没有这些昆虫授粉，菜园里的西红柿、西葫芦、黄瓜又怎么能长大、结果呢？

瞧，这就是你的美丽菜园。这里芳香四溢，还有许多蜜蜂在里面飞舞呢！

26

鼠尾草和迷迭香是好朋友吗

关于这个问题，人们有不同的看法，有人回答"是的"，有人回答"不是"。你如果想知道答案，最好的方法就是动手做实验！在菜园里选择两块空地，最好是在菜园的两侧，一侧是把鼠尾草和迷迭香种在一起，另一侧是把它们分开种植。耐心观察一段时间，看哪一侧的植物会生长得更好。

从经验中学习

我们要了解的关于种植的第一项黄金法则：如果想要拥有生机勃勃的菜园，我们就需要从经验中学习。经过亿万年进化，一些植物之间建立起了友谊。我们需要把它们栽种在一起，这样它们就可以互相帮助啦！

但是我们怎么才能知道哪些植物是朋友呢？

说实话，分辨不同植物是否是朋友并不容易，但是也没有那么难！

这很大程度上取决于我们的种植经验，我们可以从观察出发：观察植物是如何生长的，它们喜欢什么，它们是如何分布的。另外，阅读介绍植物套种知识的书籍，也能够帮助我们了解哪些植物之间可以建立友谊。

28

　　我们的同学安妮塔的爷爷，有一座漂亮的菜园，而且就在我们学校附近。他的菜园里种有各种各样的蔬菜和鲜花，有着缤纷的色彩，还散发着阵阵花香！我们从未见过如此多彩的菜园。

　　这是一座充满友谊的菜园！安妮塔的爷爷奶奶在种植方面是当之无愧的专家！他们给了我们许多种植的建议并教给我们许多种植技巧，我们也想把这些种植技巧教给你。一起看看是什么技巧吧！

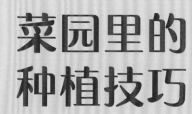

菜园里的种植技巧

在菜园里种植植物是有许多技巧的，我们需要知道哪些植物应该种在一起，哪些植物应该分开种植。

百合科

大蒜、洋葱、大葱、小洋葱、百合等

茄科

西红柿、辣椒、茄子、马铃薯等

来自不同种属的植物可以种在一起，那么同一种属的植物反倒不可以种在一起吗？是的。原因很简单！同一种属的植物吸收的是土壤里相同的养分，吸引的是相同的授粉昆虫，这样会使土壤里的同种养分越来越少，植物需要授粉时只能相互争抢同种昆虫；而不同种属的植物既可以吸收土壤里不同的养分，也可以吸引不同的授粉昆虫。

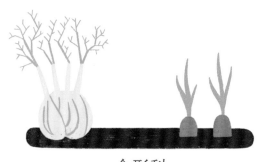

伞形科

胡萝卜、茴香、欧芹、芹菜等

唇形科

罗勒、鼠尾草、迷迭香、牛至、薄荷、马郁兰等

菊科

生菜、莴笋、洋甘菊、雏菊、大丽花、万寿菊等

十字花科
卷心菜、萝卜、芝麻菜等

葫芦科
南瓜、西葫芦、黄瓜、西瓜、甜瓜等

豆科
四季豆、青豆、豌豆、鹰嘴豆、小扁豆、蚕豆等

藜科
菠菜、甜菜、厚皮菜等

败酱科
缬草等

蔷薇科
草莓、覆盆子、玫瑰等

杜鹃花科
蓝莓等

禾本科
玉米等

其他种植技巧

只知道把不同种属的植物种植在一起是不够的，想要经营好菜园，还要学习很多其他的种植技巧。一起来看看吧！

不要吃掉我的氮！

把汲取土壤中不同养分的植物种植在一起。比如，豆类植物可以使土壤里的氮含量变高，而黄瓜、西葫芦、南瓜喜欢土壤中的氮，把这两类植物种植在一起是最合适不过的了。

植物的气味

植物的气味对植物来说是非常重要的。比如，一些植物能用它们的香味吸引蜜蜂，还有一些植物会散发出难闻的气味驱赶昆虫。有时我们觉得很好闻的气味，却根本不受一些昆虫的喜爱，它们会觉得这种气味非常难闻，所以它们会远离散发这种气味的植物！比如，有一种葱蝇喜欢洋葱的气味，却讨厌胡萝卜的香味，另外有一种胡萝卜蝇喜欢胡萝卜散发的香味，却无法忍受洋葱的气味。所以，如果我们把洋葱和胡萝卜种在一起，就能够同时驱赶这两种蚊子啦！

注意：为了使套种发挥最大的作用，最好在种植胡萝卜前的一个星期种植洋葱！

长得慢的植物和长得快的植物是好朋友

在种植的时候，可以把长得慢的植物和长得快的植物种在一起，这样，当长得慢的植物开始生长，需要占据空间的时候，我们已经可以收获那些长得快的植物了。比如，卷心菜的生长需要很长的时间，而生菜只需要两三个星期就可以采摘，它们就是一对完美的植物朋友。

不同生长空间的植物是好朋友

我们可以把不同生长空间的植物种植在一起，如西红柿和洋葱。因为西红柿是在地上长的，洋葱却是在土里长的，这两种植物各自占据独立的生长空间，所以它们会相处得非常愉快。

黄瓜和甜瓜该怎么种植

甜瓜的藤在地上匍匐生长，黄瓜的茎叶向上生长，所以它们应该能和谐相处，但是它们同属于葫芦科植物，那么是该把它们种在一起还是该分开种呢？

33

丰富多彩的菜园

在众多种植技巧中，我们还发现了一个植物的朋友们的小秘密。那就是在菜园里，植物的好朋友种植得越多，植物就越能健康生长，你可以收获的蔬果就会越多。

芹菜和洋葱

芹菜也能驱赶喜欢吃洋葱的害虫。想让你的洋葱长得又大又好吗？那就把洋葱种在胡萝卜和芹菜中间吧！

大蒜和草莓、生菜、西红柿

大蒜对许多植物都有好处，它能够驱赶害虫，包括多种寄生虫和蜗牛，因为它们不喜欢大蒜的气味。草莓、生菜、西红柿都非常喜欢和大蒜做朋友。

胡萝卜和豌豆

豌豆喜爱胡萝卜散发的气味，此外胡萝卜的根对豌豆的生长也有很大的好处。如果把胡萝卜和豌豆种在一起，豌豆就会长得郁郁葱葱。

马铃薯和四季豆

马铃薯喜欢在富含氮元素的土壤中生长，而四季豆在生长的过程中，它的根瘤菌能够在土壤中固化氮气，所以这两种植物是天生的好朋友。把它们种在一起可不只有这个好处，它们散发的气味也能互相帮助，四季豆的气味能够驱赶想要吃掉马铃薯的马铃薯甲虫，马铃薯的气味能够赶走想要吃掉四季豆的象鼻虫。

这绝对是最美好的友谊！

西葫芦（或者南瓜）、大豆和玉米

这几种植物种在一起特别合适，以至于它们被称作三姐妹。人们在多年以前就开始这样种植，所以这种套种方式非常有名，每一种植物都在生长过程中相互贡献自己的力量：玉米能够为大豆的生长提供支撑，相对的，大豆能够使土壤里的氮元素含量升高，玉米和西葫芦（或者南瓜）吸收土壤里的氮元素后，会生长得更快更好。那西葫芦（或者南瓜）如何帮助它的朋友们呢？西葫芦（或者南瓜）用它的藤蔓覆盖土地，防止杂草侵占土地偷走养分。

鲜花：
植物的盟友

　　还记得我们之前谈到的学校附近安妮塔爷爷的菜园吗？有一件事我们还没有告诉大家，那就是菜园里的那些鲜花不仅有很强的观赏性，还有很重要的作用呢！

　　鲜花的香味会吸引有益的昆虫来到菜园里，如蜜蜂和其他授粉昆虫，这些昆虫对植物的生长可是不可或缺的，只有通过授粉，植物才能长出果实。更妙的是，这些鲜花还能吸引以蚜虫为食的七星瓢虫，七星瓢虫对菜园可是超级重要的，因为在有机的友谊菜园里，七星瓢虫就是植物天然的杀虫剂！

菜园里的鲜花

在菜园里，鲜花对菜园植物的生长有很大的帮助。接下来我们就来认识一些最常见的鲜花吧！

金盏花被认为是美德之花，在菜园里发挥着很大的作用，它的香味能够吸引授粉昆虫，它的根能驱赶土壤里的一些线虫。金盏花是菜园植物非常好的朋友，如黄瓜、南瓜和西葫芦，它也是西红柿、四季豆和茄子的好朋友。

旱金莲的花朵颜色非常丰富，最常见的是橘色和黄色；它的花朵散发出的香味能够吸引蜜蜂，驱赶蚜虫和其他一些害虫。它的花朵也是很美味的食物，不仅可以生吃，还可以当作调料为菜肴提鲜。

不同于其他花，万寿菊并没有明显的香味，相反，它的根茎甚至有一点儿不那么好闻的味道，但正是这奠定了它在菜园中的地位。万寿菊根部分泌的一种物质能够驱赶土壤中的一些线虫，它鲜艳的花朵不仅能够吸引蜜蜂，还能吸引一些掠食性昆虫，如飞蛾和七星瓢虫。

琉璃苣是菜园里蜜蜂不可或缺的朋友。它拥有五角星形状的美丽花朵，实际上，它的蓝色花蕊上满含花粉，这些花粉正是蜜蜂酿蜜的好原料。琉璃苣不但是草莓的好朋友，也是西红柿的好朋友，因为它能够驱赶偷吃西红柿的毛毛虫。需要注意的是，琉璃苣生长速度很快，所以不要忘了给它准备开阔的生长空间。

就像其他植物一样，菜园里的鲜花也为生物多样性贡献着自己的力量。

百日菊是当之无愧的菜园"皇后"，因为它五彩缤纷的花朵能够吸引各种各样的蝴蝶。

39

鲜花午餐

有很多鲜花都是可以食用的，有的可以直接做沙拉，有的可以做菜、调味，还有的可以做成鲜花酱。

紫色的海洋

以薰衣草为例，它不仅很香，还很美味，我们尝了薰衣草酱，很好吃，尤其是搭配烤面包，简直是绝等美味！想想在菜园里种植薰衣草有多少好处吧！它不仅能够吸引蜜蜂，驱赶蚊虫，还能散发迷人的香味，真是菜园植物名副其实的朋友啊！

总之，可以食用的鲜花简直太多啦！我们可以用鲜花和蔬菜制作完整的一餐，现在就来试试吧！

开胃菜：花蕾小洋葱煎饼。

第一道菜：薄荷叶点缀的西葫芦花和小胡瓜烩饭。

第二道菜：蒲公英叶煎蛋配蒲公英花。

配菜：金莲花缬草沙拉。

点心是什么呢？请享用苹果玫瑰花果酱配面包吧！

喜欢和讨厌

在菜园里，我们可以种植各种各样的植物，但需要注意，把能友好相处的植物种植在一起，把那些无法友好相处的植物分开种植。

大家可以参考第68页蔬菜的套种秘密的表格。表格里有普通的植物，还有特定类型的植物，如芳香植物。我们可以在网络上或专业书籍中找到这些植物的信息，认识这么多植物真是一种财富。同时，也有一些疑问困扰着我们：有时候，在我们查到的资料中，有的显示某两种植物是好朋友，有的却说它们并不能友好相处，就像欧芹和莴笋，它们真的是好朋友吗?

带着疑问我们来实际验证一下，用不同的种植方法种植这两种蔬菜：在一个菜园里我们把这两种蔬菜种在一起，在另外一个菜园里我们把它们分开种植。这样我们就能知道到底哪一种说法是正确的了。结果是什么呢？我们还是先卖个关子吧，因为你应该自己尝试去寻找答案，种植实验很简单，而且会让你收获很多乐趣。

欧芹和莴笋是好朋友吗

我们来做实验吧！由于欧芹和莴笋在生长过程中都只需要很小的空间，我们可以把它们种在花盆里。第一组把欧芹和莴笋种植在一个花盆里，第二组把欧芹和莴笋种植在不同的花盆里。看看哪一组长得更好。

这时候也许你们会问，为什么菜园里有些植物根本不是朋友，我们还把菜园称作友谊菜园呢？这是因为，虽然有一些植物无法和谐相处，但并不影响菜园里的友谊，我们都知道一个人不可能和所有人都成为朋友，对植物而言，也是同样的道理。

最好的解决方法就是把那些无法和谐相处的植物分开种植，但操作起来可能没有这么简单，有时候现实条件并不能满足植物对于距离的需求。这时候我们又该怎么办呢？

最重要的是找到一种方法，让植物之间互不干扰，就像人和人相处一样：如果没办法成为朋友，也没必要强制在一起，大家只需要对彼此保持一点儿善意，即使相隔不远也可以保证不互相影响。

在你的班级里，有没有一些同学无法成为朋友呢？我们班就有，乔万尼和阿莱西亚，他们两个就不是朋友，甚至可以说他们一点儿都相处不来。但是没关系，菲利普是他们共同的朋友，当他们和菲利普在一块儿的时候，也玩得非常开心呢！

类似的事情也会在菜园里发生，翻到下一页看看吧！

植物的共同朋友

如果两种植物无法和谐相处，那只需要在它们中间种上和它们都能和谐相处的植物，这样就可以完美解决问题啦！我们把种在中间的这种植物称作植物的共同朋友。

这个共同的朋友就像是这两种互不喜欢的植物的协调者。豌豆和洋葱无法和谐相处，但我们只需要把胡萝卜种在它们中间，这样它们就都能生长得很开心了。

黄瓜

黄瓜算是一种不太好相处的植物，实际上黄瓜和许多植物都不是朋友，如西红柿和马铃薯。但是如果把黄瓜种在合适的位置，它也会受到其他植物的欢迎！大家可以尝试着把黄瓜种在洋葱和卷心菜中间，会有意想不到的收获。

卷心菜

黄瓜不喜欢鼠尾草，但是黄瓜和卷心菜是好朋友！所以，为了把黄瓜和鼠尾草分开，可以把它们的共同朋友卷心菜种在中间。

莴笋

莴笋同草莓和茴香都是好朋友，但草莓和茴香水火不容！所以，我们可以把它们的共同朋友莴笋种在中间。

萝卜和胡萝卜

如果我们在无法相处的植物之间种上更多它们的共同朋友，那就更好了！比如说，我们想种四季豆和洋葱，但是需要把它们分开种植。没有问题，萝卜和胡萝卜不仅是好朋友，还能和四季豆、洋葱和谐相处，是后者非常重要的共同朋友。

在友谊菜园里，有些植物是朋友，有些植物是敌人，还有些植物有共同朋友，总之，建立一座友谊菜园是一项艰巨的任务，但是完成之后也会带给你很大的满足感。也许在这个过程中你会犯错，但是不用担心，只需要耐心等待。通过不断学习和实验，你会获得很多和套种相关的知识。

种植需要耐心

　　满足感和付出感会在我们种植植物的过程中陪伴我们。当然，我们还需要付出很多耐心。菜园不适合那些没有耐心、总是着急想要得到回报的人。如果你已经读到了这里，相信你一定是有耐心的人！

首先，需要时间。
我们要决定如何打理菜园；
决定种植什么植物；
考虑如何着手种植；
记录植物的生长过程。

46

其次，还是需要时间。

尊重季节交替的自然规律；

等待种子发芽和生长；

探究植物相处的规律；

打理菜园；

等待，慢慢发现我们的决定和耕作是否获得了回报。

耐心非常重要，速成的菜园是不存在的！

不可替代的朋友：光

想让植物生长得健康又漂亮，种植位置的选择也非常重要。

植物的生长需要光照，因此我们必须选择明亮的地方，以使菜园在一天中的大部分时间（每天至少7个小时）都能沐浴在阳光下。

要想让所有的植物都被阳光照到，需要保证菜园不被树、篱笆或者建筑物遮挡。

如果想拥有阳光充足的菜园，最好把菜园建造在南面或者西南面。

怎么确定菜园位置呢？如果太阳从你的左手边（东边）升起，从右手边（西边）落下。这样，你的前面就是南，你的背后就是北。瞧，这样就可以直观地感受到：菜园的位置应该选在你的前方或右前方。

如果你生活在热带地区，也可以把菜园安置在东南方向，这样，可以避免植物受到过多阳光的照射。

必不可少的朋友：水

水是植物的另外一个好朋友，植物的生长需要水。因此，在给菜园选址的时候，查看是否有稳定、便捷的水源是很重要的。植物也很喜欢雨天！大家喜欢下雨吗？

我们可以在菜园里放一些储水的大桶，这样就可以收集到雨水。我们可以用这些雨水浇灌植物。这样做还可以帮我们节约水资源，我们都知道水是很珍贵的，有很多国家都缺乏水资源。我们一定不能浪费水！

浇灌植物非常重要，只有吸收了适量的水分，植物才能健康生长。当然也不能浇水过多，不管怎么说，大部分植物都是在土壤中而不是在水里生长的！

如何浇水

夏天最好在早上给植物浇水，尤其在炎热的日子里更应当注意要在早上浇水。晚上也可以浇水，但是这样一来土壤在晚上会很湿润，对植物并不是很好，而且太湿润的土壤会吸引蜗牛，给植物的生长带来困扰。

春天和秋天的阳光没有那么强烈，也可以选择在中午或下午浇水。

浇水时，应该往根部浇，要注意不要弄湿植物的叶子，否则植物很容易生病。

土壤

土壤也是友谊菜园必不可少的一个构成部分!

对了,我们不要期待立刻就能建造一个美丽的菜园。在这之前,我们需要付出辛勤的劳动!因为土壤能给植物的生长提供营养,所以,如果想要在友谊菜园里种出健康的植物,我们就要善待土壤。

我们发现适合种植的土壤应该具有以下特性:

- 潮湿,但是不能过于潮湿,否则植物就会生病。
- 肥沃且富含有机质,因为植物的生长需要充足的养分。
- 不能太坚硬,只有这样,种子和植物才能不费力地寻找生长空间。
- 表面平整,水可以到处流动。

大家知道植物的朋友还有谁吗？铁锹！是的，因为我们可以用铁锹来松土，帮助植物生长。但是要注意，松土的时候不要挖得太深，因为土壤中有一个奇妙的微生物世界。地下生活着很多微生物，它们能使土壤更加肥沃。

有一些微生物生活在土壤的上层，因为它们需要呼吸空气，有一些不需要空气的微生物则生活在土壤的下层。注意不要破坏这个平衡，如果我们松土时挖得太深，可能会把下层的微生物移到上层，上层的微生物移到下层，导致这些微生物死亡，这样我们的土壤会越来越贫瘠。

只有在从未被开垦过、过于坚实的土壤上种植植物时，才可以往深处松土。但是，即使在这种情况下，也应注意不要随意上下翻动土块！在之后的耕作中，也只需在表层翻土，并使用堆肥使土壤更肥沃。

腐殖质

腐殖质对菜园也特别重要。要想拥有健康的植物，必须要有富含腐殖质的土壤，这种土壤能为植物提供丰富的有机物质。

土壤有哪些类型

土壤有沙质土壤、黏质土壤、石质土壤等，简而言之，土壤的类型很多。

了解菜园的土壤类型，对我们决定种植哪种植物是至关重要的。

首先，我们需要做一件非常简单的事。

拿起菜园里的一块土，握在手里，然后观察：
- 如果土块团成一团且难以轻易分开，则说明它是黏质土壤。
- 如果土块很松散，没有形成球状，并且能从你的手指之间滑落，那么它就是松散的沙质土壤。
- 如果土块黏性并不是那么大，同时也不那么松散，而且有点滑，则意味着菜园有一片肥沃的土地。
- 如果土块中有很多石头和沙块，那么，很明显菜园里有一片石质土壤！

哪种土壤适合做菜园

当我们学会了分辨菜园里土壤的类型后，我们还需要了解什么植物在这样的土壤中可以生长得最好，从而了解哪种植物最适合我们的菜园。

沙质土壤适合做菜园，因为这种土壤易于耕种。但是如果土壤沙质程度太高，就不容易保存水分，土壤将变得不再肥沃。

黏质土壤能很好地保留土壤中的营养元素。但是，如果黏性过高，水会停滞不流动，就会损害植物的根部。

石质土壤在天气干燥时比较松散，在雨天就很容易变成流动的泥浆。石质土壤缺乏营养，因此不适合耕种。

所以，菜园中最理想的土壤是中等质地的土壤，也就是按适当比例混合沙土、黏土的土壤。

蚯蚓

说到菜园，就不得不提到蚯蚓。我们常见的蚯蚓，一般身体呈淡红色，又长又细。它们非常喜欢在土壤里穿行，在地下和地上都有它们活动的身影。有一些蚯蚓上下活动，把土壤深层的泥土带到上层，还有一些喜欢在同一土层中活动。无论是在哪层土壤活动，蚯蚓对我们的菜园都是极其重要的，因为它们可以帮助我们疏松菜园的土壤，使其更松软。最重要的是，它们能够以自然有机的方式把土壤里的各种有机废弃物转化为营养物，使土壤更加肥沃。

观察蚯蚓实验

取一个带孔盖的透明大盒子，将砾石、沙子和土分层布置，营造出自然的环境。在最上面一层放置叶子、草、果皮和蔬菜，这些可以当作蚯蚓的食物。请记住，需要不时喷水，使土壤保持潮湿，但注意不要过量，水分过多也不利于蚯蚓生活。

蚯蚓喜欢在黑暗中生活，因此我们可以用深色的遮盖物遮住透明盒子。在观察时，我们可以轻轻移开遮盖物，观察蚯蚓如何生活以及土壤是如何变化的。

去哪里找蚯蚓呢？我们可以尝试在菜园里寻找它们。拿取蚯蚓的时候要小心，轻轻地将它们安置在新家中。做得好的话，也许你还能看到它们生出蚯蚓宝宝呢！

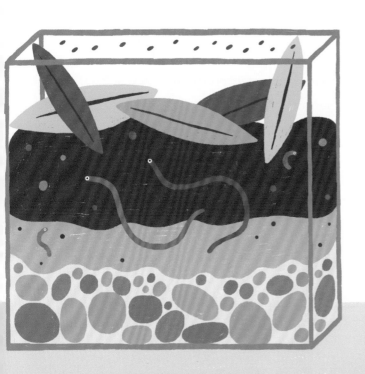

堆肥

制作堆肥不仅可以回收利用食物残渣，还可以回收利用菜园里所有的植物废弃物。

我们学校一直在用食堂的剩饭做堆肥。通过这种方式，我们了解到经过处理的食物残渣也可以产生腐殖质。腐殖质作为一种肥料，在和菜园里的土壤混合后能使土壤更加肥沃。

从大自然中学习

堆肥的发酵过程完全是我们在模仿大自然。就像一些小的陆生动物还有微生物会在灌木丛中生产腐殖质一样，我们利用一些微生物也可以使食物残渣产生腐殖质，从而产生堆肥。

如何准备堆肥器

堆肥器可以购买，也可以自己制作。可以是塑料桶，也可以是金属桶或者是木制的容器。

不要忘记的重要小规则：

1. 堆肥器不能完全封闭，因为产生腐殖质的小动物和微生物需要空气。
2. 可以让堆肥器底部与地面接触，但要用网把堆肥器包起来，以免老鼠进入。
3. 可以在堆肥器的底部放一层干燥的树枝，这样能使堆肥器内部的空气流通性更佳。

堆肥器放在哪

放置堆肥器最理想的地方就是落叶乔木的下面，这样，当冬天叶子落光的时候，阳光可以穿过树枝，为堆肥器里的堆肥提供阳光。在夏天，树叶的阴影能够遮挡阳光，避免过多的阳光照射。

堆肥器里放什么

要制作堆肥，我们可以将吃剩的水果和蔬菜，意大利面和米饭之类的残渣，甚至少量的肉和鱼扔进堆肥。我们也可以将鸡蛋壳、枯叶、凋谢的花朵和少量餐巾纸放入堆肥器。

我们的座右铭：
"来自自然的东西必须回归自然！"

在炎热的天气，如果堆肥太干燥，不要忘了给它浇点水哟！

天然的肥料

营养丰富的土壤对于植物的健康生长非常重要。我们可以让菜园的土壤更肥沃吗？当然！我们可以在土壤中添加肥料，但是我们要尽量避免使用化学肥料，因为它会破坏现存的生态系统。

那怎么做呢？简单！我们可以使用对环境友好的、绝对天然的肥料。这些天然肥料的种类比大家想到的要多，这里我们向大家推荐一些。

灰烬

火炉中的灰烬非常有用，它们是天然的肥料，富含营养成分，如磷和钾，这些都是非常重要的矿物质，特别是对一些蔬菜，如马铃薯的生长至关重要。灰烬可以直接撒在菜园里或者撒入堆肥器中。

蜗牛在灰烬上难以爬行，如果我们把灰烬撒在地面，蜗牛就难以侵害我们的植物！

咖啡渣

咖啡渣富含对植物生长有用的氮、磷等微量元素，可以提升土壤的营养成分含量。如果大家想在菜园里种蓝莓，那么富含氮的土壤最合适不过了。玫瑰、山茶花和杜鹃花也喜欢富含氮的土壤！切记在撒咖啡渣之前，需要先将其粉碎，否则结块的咖啡渣会阻碍植物生长。

蛋壳

蛋壳能够增加土壤中的营养元素尤其是钙的含量。

使用蛋壳之前，需要将其粉碎，然后把这些碎蛋壳掩埋到土里或者撒在地面。这些蛋壳还有其他用处呢！它们可以阻止菜园里的害虫，如阻止毛毛虫和蜗牛偷吃植物。对这些害虫来说，蛋壳的碎片就像尖刀一样，因此这些害虫会离蛋壳碎片远远的。

蔬菜水

煮过蔬菜的水可以当肥料，因为在煮蔬菜的过程中，水中会留有一些营养元素，包括矿物盐，这些水可以丰富土壤中的营养元素。我们可以将这些水冷却后浇灌植物。

授粉昆虫

如果没有昆虫，我们的菜园会怎样？答案也许只有一个：没有昆虫就不会有树木、花朵和蔬菜。实际上，昆虫尤其是授粉昆虫，对于生态平衡非常重要。

授粉昆虫会采集花朵上的花粉，将其从一朵花上带到另一朵花上，从而确保花朵授粉，结出果实。不幸的是，如今许多授粉昆虫正在消失，原因之一就是过度使用农药。

蜜蜂

在授粉昆虫中，我们知道蜜蜂是非常重要的。其中最著名的当属小蜜蜂，这也是一种常见的家养蜜蜂。如果我们仔细观察，在春季还会经常看到壁蜂，它们的特征是体形较小。蜜蜂的身体毛茸茸的，非常喜欢花，并且可以携带很多花粉。

黄蜂

黄蜂与蜜蜂属于同一个家庭，但黄蜂的身体更加丰满，更加毛茸茸。黄蜂对花粉也很着迷，它们将花粉从一朵花上带到另一朵花上，也是非常出色的授粉者。

蝴蝶

像蜜蜂和黄蜂一样，蝴蝶也能帮助植物授粉。蝴蝶的样子十分美丽，但有一个小问题需要注意：在破茧成蝶之前，蝴蝶是毛毛虫，这种毛毛虫喜欢吃植物的叶子。

昆虫旅店

在菜园中，为了给这些昆虫朋友提供栖息地，我们可以搭建一个昆虫旅店。各种各样的昆虫都可以在里面找到栖身之所。旅店用多种材料建成，有壁蜂喜欢的竹屋子、瓢虫最爱的木头房间、蜻蜓喜欢的稻草小屋，等等。总之，各种昆虫都能在这里找到自己喜欢的住处。在昆虫旅店里，我们还需要留出餐馆的空间！

搭建昆虫旅店最好的位置是树木或花坛旁，如果位置能高一些，保证阳光充足且大风吹不到就更好啦！

蜜蜂和黄蜂蜇人吗

工蜂和雌黄蜂只有在受到攻击的时候才会自卫，所以我们不要随意骚扰它们或者伤害它们。

捕食性天敌昆虫

在友谊菜园中，授粉昆虫很重要，捕食性天敌昆虫也同样重要。通过捕食害虫，捕食性天敌昆虫成了植物宝贵的盟友，保护植物免受害虫的侵害。

大自然中有很多捕食性天敌昆虫，让我们一起寻找那些常见的捕食性天敌昆虫吧！如果我们能学会识别和保护它们，它们将通过保卫我们的植物来感谢我们。

瓢虫

大多数瓢虫是植物的好朋友，无论是在幼虫阶段还是在成虫阶段，它们都能吞食寄生在植物上的害虫，尤其是蚜虫。实际上瓢虫有很多类型，常见的有带黑点的红色七星瓢虫，如果大家在植物的叶子上看到它们，请千万不要驱赶它们！

草蛉虫

草蛉虫是锦葵属植物的珍贵盟友，是一种绿色的昆虫，体形纤薄，翅膀透明。它们是非常活跃的捕食者，尤其是在幼虫阶段，一只草蛉虫在幼虫期最多可以捕获500只蚜虫呢！

我们也可以为捕食性天敌昆虫建造一个简单的旅店！只需要在菜园的角落放置一些石头和树枝，这对于七星瓢虫和其他益虫来说，就是一个绝佳的庇护所啦！

食蚜蝇

食蚜蝇的外形和蜜蜂类似，但是食蚜蝇更敏捷。它经常在空中飞舞，或振动双翅在空中停留不动，或突然做直线高速飞行而后盘旋徘徊。食蚜蝇的幼虫孵出后能立即捕食周围的蚜虫。一只食蚜蝇在幼虫期可以吞食多达800只蚜虫！

蠼螋（qú sōu）

蠼螋的样子常会使人误认为它们是害虫，实际上它是农田中最常见的捕食性天敌昆虫，尤其是在夜间，它会吃掉蚜虫和其他害虫。

蠼螋的庇护所

取一个不太大的陶罐，在里面放上木屑和稻草并使它们保持松软。用绳子把陶罐挂到树枝上，注意要把绳子绑紧，这样陶罐才不会轻易掉下，然后，蠼螋就可以自由地进出啦！

刺猬

刺猬是菜园的守护动物联盟成员，因为它们以蜗牛、毛毛虫和其他害虫为食。刺猬在夜晚觅食，白天它们会躲在灌木丛或被树枝和树叶覆盖的角落。

守护动物联盟

要是你的菜园里有刺猬，那你可太幸运啦！实际上，有很多像刺猬一样能保卫我们菜园的动物。

鼹鼠

鼹鼠通常并不受人们的喜爱，因为它们喜欢在地下挖长长的隧道，破坏植物的根。其实鼹鼠也是植物的朋友，因为它们可以吃掉以植物的根部为食的蛴螬和土里的一些害虫。如果你在菜园里看到小小的土堆，一定要耐心观察一下，可能有鼹鼠正在下面打洞呢！

青蛙、蟾蜍和盲蛇蜥

这些动物以对植物有害的一些昆虫为食。它们喜欢住在潮湿阴凉的地方，最喜欢居住在池塘附近。有时，人们会把盲蛇蜥误认为是危险的毒蛇，但其实它对人来说完全无害。

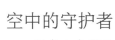

空中的守护者

很多小鸟都是植物的好朋友，虽然它们有时会吃掉一些植物的种子和果实，但是它们会吃掉更多的害虫来保护菜园。它们就像菜园的守卫者一样翱翔在天空中，而且小鸟们清脆美妙的歌声也为菜园增添了许多活力。

蝙蝠

蝙蝠并不是鸟，但是可以飞，它们也是植物的朋友，我们应该保护它们。蝙蝠是夜行动物，白天睡觉，夜里非常活跃，它们能吃掉许多在夜间活动的害虫，守卫菜园。

尊重自然

　　想要与环境和谐相处，我们必须尊重自然平衡的规律。只有这样，我们才能从大自然朋友那里获得帮助，守护菜园。

学校

友谊菜园，热爱大自然的体现

大家觉得我们的友谊菜园怎么样呢？你喜欢我们的理念吗？

你也可以尝试在学校开辟一座友谊菜园。也许我们的这些经验对你建造菜园能有所帮助呢！

你也可以在家里种植植物。在这个过程中，你会对植物、动物加深了解，对大自然更感兴趣！大自然是那么的生机勃勃，充满秘密，只要我们去了解，大自然中的一切都值得我们去发现、去探索。

请使用环保的方式种植植物，尽量不要使用对环境有害的化学肥料！

蔬菜的套种秘密

分类：● 植物的朋友　● 彼此不喜欢的植物

蔬菜		在菜园里的作用	喜欢的植物与不喜欢的植物
大蒜（百合科）		驱赶许多种类的害虫	● 草莓、西红柿、生菜 ● 四季豆、卷心菜
胡萝卜（伞形科）		驱赶蜗牛	● 洋葱、韭菜、莴笋、西红柿、豌豆
卷心菜（十字花科）		驱赶喜欢吃洋葱的寄生虫	● 芹菜、莴笋、生菜 ● 草莓、马铃薯
黄瓜（葫芦科）		黄瓜科和鼠尾草的共同朋友	● 青豆、四季豆 ● 西红柿、马铃薯、香草植物
洋葱（百合科）		卷心菜和胡萝卜的共同朋友	● 胡萝卜、芹菜、莴笋 ● 青豆、四季豆、豌豆、生菜
四季豆（豆科）		驱赶许多种类的害虫	● 南瓜、西葫芦、黄瓜、草莓、马铃薯 ● 大蒜、洋葱
莴笋（菊科）		释放氮到土壤中，增加土壤的肥力	● 草莓、胡萝卜、黄瓜、萝卜 ● 欧芹

这张表格可以帮助我们了解哪些植物可以做朋友，哪些植物无法友好相处。记得要把无法相处的植物分开种植！总之，大家可以看到，在菜园里，每一种植物都是有用的，有一些植物确实对其他植物有很多的好处！

蔬菜		在菜园里的作用	喜欢的植物与不喜欢的植物
玉米（禾本科）		玉米秆可以支撑豆类的生长	● 南瓜、西葫芦、豆类
马铃薯（茄科）		驱赶豆类害虫	● 卷心菜、西红柿 ● 南瓜、黄瓜
西红柿（茄科）		西红柿秧可以为低矮的植物遮阴；西红柿秧散发的气味能够驱赶害虫	● 洋葱、胡萝卜、莴笋、罗勒、白菜 ● 黄瓜
大葱（百合科）		驱赶许多种类的寄生虫	● 芹菜、胡萝卜 ● 四季豆
萝卜（十字花科）		许多种植物的共同朋友	● 胡萝卜、四季豆 ● 黄瓜
芹菜（伞形科）		驱赶许多种类的寄生虫	● 洋葱、卷心菜、西红柿、四季豆 ● 马铃薯
南瓜（葫芦科）		藤蔓匍匐生长在地面，避免生长杂草	● 豆类、玉米

芳香植物的套种秘密

芳香植物	在菜园里的作用	喜欢的植物与不喜欢的植物
罗勒	改善西红柿的味道，驱赶害虫	● 西红柿、黄瓜
琉璃苣	吸引授粉昆虫，尤其是蜜蜂和黄蜂	● 草莓、西葫芦
洋甘菊	能够优化周边植物果实的口感，花朵也能吸引授粉昆虫	● 卷心菜、洋葱、芹菜
香葱	气味能够促进胡萝卜的生长，并且能够驱赶许多类型的寄生虫；花朵能够吸引蜜蜂和其他种类的授粉昆虫	● 所有植物都是它的朋友，尤其是胡萝卜和草莓
薰衣草	气味能够吸引蜜蜂，驱赶蚊虫	● 所有植物都是它的朋友
马郁兰	增添周边植物的香气，吸引授粉昆虫，驱赶寄生虫	● 和所有植物都能融洽相处

芳香植物几乎与其他所有植物都是好朋友。虽然芳香植物不喜欢的植物很少，但我们最好还是了解一下！大家可以参照下面的表格来了解芳香植物的喜好。

芳香植物		在菜园里的作用	喜欢的植物与不喜欢的植物
蜜蜂花		提升西红柿的口感，吸引授粉昆虫	● 西红柿、黄瓜
薄荷		优化西红柿的口感，散发的气味能够驱赶蚂蚁、菜虫和跳甲虫	● 草莓、西葫芦
牛至		花朵和气味会吸引授粉昆虫	● 卷心菜、洋葱、韭菜
鼠尾草		气味能驱赶蜗牛，能吸引授粉昆虫	● 卷心菜、生菜 ● 黄瓜
欧芹		气味能驱赶蚜虫	● 西红柿、洋葱、萝卜 ● 莴笋和生菜
百里香		气味能驱赶蚜虫，能吸引捕食性天敌昆虫，特别是瓢虫和螳螂	● 所有植物都是它的朋友，尤其是西红柿和卷心菜
迷迭香		许多害虫都不喜欢迷迭香的香味，同时迷迭香的香气能吸引授粉昆虫	● 胡萝卜、卷心菜

植物朋友游戏

和朋友们一起玩游戏会很开心。我们想出了一个植物朋友的游戏，大家想不想玩呢？

以下就是这个游戏的相关介绍。

参与人数

2~4人。

道具

需要为每个参与者准备一个骰子和棋子（这个棋子可以是一粒豆子或者其他小东西）。

游戏规则

● 参与者依次投掷骰子，根据骰子的点数在游戏图上移动相应的步数。

● 走完全部格子并且最先到达终点的人获胜。

● 有一些格子是奖励格子（绿色的格子），还有一些格子是惩罚格子（红色格子）。参与者如果正好走到这些格子，需要接受相应的奖励或者惩罚。

72

奖励格子

正确的套种

格子3、6、11、15、27：恭喜你！这些都是套种朋友，可以向前走2步。

共同朋友

格子20、23：这些是套种植物和它们的共同朋友，绝妙的选择！可以向前走3步。

大自然的朋友

格子8：生产堆肥的好帮手！可以直接跳到格子12，然后品尝美味的草莓吧！

格子31：恭喜！你收集了很多雨水，跳到格子34享受美味的小吃吧！

格子35：昆虫是植物的朋友，这个格子是**超级大的奖励**：请直接跳到终点！

惩罚格子

错误的套种

格子9、18、30：在这里我们需要暂停一局，想一下哪些才是真正的植物朋友。

噢，不！

格子14：这里的植物全都枯死了，我们忘记给它们浇水了。返回格子1去拿喷壶。

啊！

格子33：蜗牛把可用来做沙拉的叶子吃掉了，这时，我们需要在地上撒一些草木灰来驱赶蜗牛。在这里暂停一局。

真是太糟糕了！

格子37：这里的土壤太贫瘠了，回到格子28取一些蚯蚓疏松过的土壤吧。

大家都明白了吗？
那么请翻页吧，祝大家玩得愉快！

植物朋友游戏

起点

1
2
3 向前

13 我的2斗
14 回答一题
15
16
17
18 暂停一局
19 暂停一局
20 向前3步
21
30 暂停一局
31 数到34
32
33
34 暂停一局
35 跳到

74

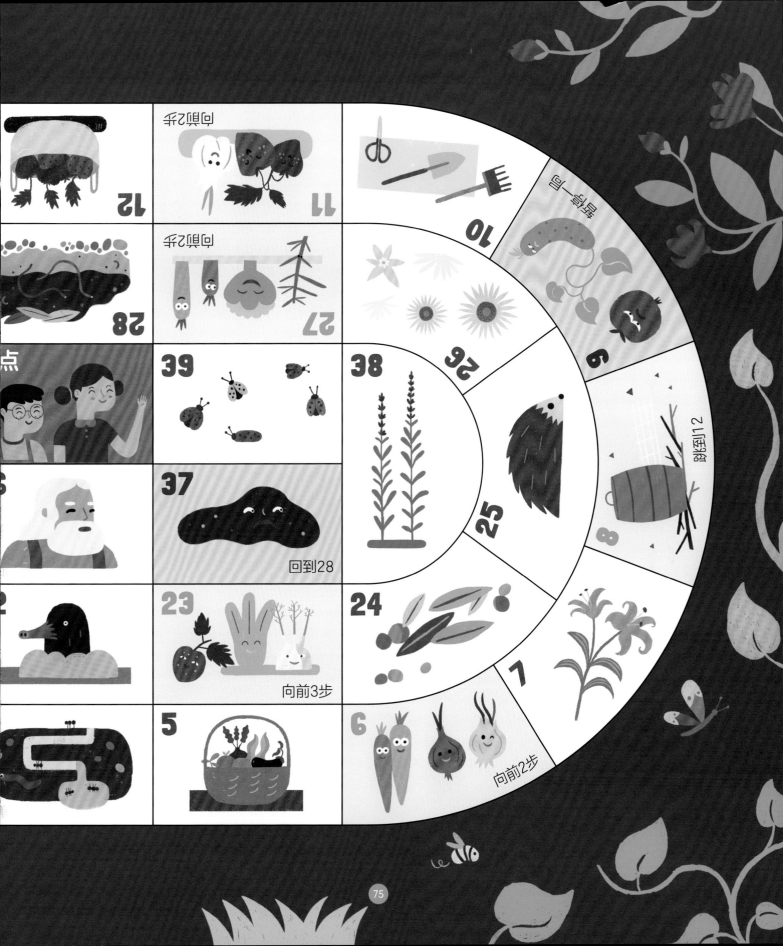

作者简介

　　玛利亚皮娅·德·孔托，意大利知名儿童文学作家，出生于意大利的波尔德诺内，目前居住在波尔恰。她喜欢书籍、猫和植物。她从事儿童文学写作多年，并涉足阅读教育和学校图书馆开发的项目。她开办的儿童阅读课受到孩子们的广泛欢迎，同时她也为成人提供培训课程，和其他作者一起举办讲座。《植物也有朋友圈？》是她与意大利科学读物组委会合作出版的第一本书。

　　西尔维娅·毛里，意大利知名插画家。她曾在意大利佛罗伦萨美术学院学习绘画，并在米兰学习插画。目前她居住在科莫，在那里，她为各个年龄段的孩子创作插画。

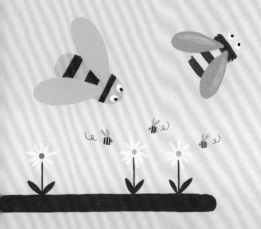